U0084770

宜蘭渡小月的美味

見識「渡小月」的國際水準

與兆麟師傅認識多年完全是拜美食推廣之賜，這些年來只要是有提昇中華美食的示範教學，或是推廣活動乃至國際間的訪問與考察都有他的參與。作為一個身處宜蘭的本土廚師，兆麟可說是俱有充分的國際視野與豐厚的背景。

一個大廚的養成，需要非常的耐力與時間。陳老闆師從父親，雖是祖傳事業，但他卻是從廚房的基層做起，這是要成為名廚的最基本功夫與必備的條件。再經過不斷地研發、創新，尤其隨時把握在國內與國際間切磋交流的機會，終於成就了陳老闆與「渡小月」的榮景，讓「渡小月」成為宜蘭最具代表性的餐廳，外地人與國外朋友更慕名而去一享口福。

這本【海鮮總動員】專輯的確是「渡小月」的創意菜，而且把宜蘭各鄉鎮的名特產巧妙地入菜，有傳統的美味，更有時尚的創意；小自盤飾，大至食材的嚴選、菜色的呈現到烹飪過程的解說，與整個製作團隊的向心力，都看到了陳老闆的用心與創意。

除了經營「渡小月」，陳老闆對公益的投入不遺餘力，在本人擔任觀光協會會長期間，經常率團出國推廣台灣觀光與美食，而陳師傅只要有需要借重他長才的活動，他都熱心地參與，他的古道熱腸實在是餐飲界優良的典範。謹在此慎重推薦這本【海鮮總動員】專輯。

台灣觀光協會名譽會長 嚴長壽

把口福帶給人，他就很快樂！

剛歸國時，我曾在一場美食高峰會上說，我現在吃西餐的機率比較高，因為國內的中餐水準，實在滑落的得嚴重。真是令人痛心！

未料這樣的陳述才沒多久，我就意外地掘到了寶。原來，台灣的中餐還是有希望的！一個宜蘭來的廚師，用他的專業、敬業、熱情與創意，印證了中國菜仍足以讓全球美食家起立，賦予最肯定的掌聲，這位廚師，就是陳兆麟。

因為到宜蘭泡湯，在老饕極力引薦下，我有緣在聞名已久的渡小月餐廳，嚐到兆麟師傅的菜。我萬萬沒想到，這家蘭陽平原上的餐廳，菜色水準非但不遜於都會台北，甚至還在一些五星級飯店的餐廳之上。

感動之餘，我覺得該把這麼用心經營的好餐廳，極力推薦給大眾，幾次組美食團，都請不同的朋友分別預先訂位，結果在那裡吃過飯的夥伴都很訝異，何以在喜慶辦桌的日子，渡小月餐廳提供給小吃客的菜，同樣細膩精采，無異於往常？

一個以客為尊的餐廳，對待顧客總是一視同仁，不會因為來者的身分或是地位差異，便提供分別心的服務，在渡小月餐廳吃飯，感受到的，正是這種平常心的服務，深得人心的滿意服務。

我深信兆麟師傅所出的【海鮮總動員】，就跟他所經營的餐廳一樣精采，因為，我所認識的他，只要能把口福帶給別人，就快樂無比！

飲食評鑑專家暨美食專欄作家 胡天蘭

渡小月團隊英雄榜

「渡小月」用在地食材，做出國際水準!!

經營餐飲界至今已有三十多年，從小就喜愛圍繞在祖父與父親身邊，觀看長輩們以精湛的手藝烹調出各道佳餚，並秉持著「在做取糧」的精神教導著我。

在耳濡目染的情況下，16歲我便正式踏入了餐飲界，歷經學徒、出師、外燴、雕刻、比賽、專研、研發，至今我對餐飲的狂熱依舊沒有退減！

餐飲界很辛苦，但我還是常鼓勵餐飲界的精英晚輩，找到自己的定位，並努力充實自我，有一天，你會發現辛苦留下的汗水，將幻化為最美麗的果實！

2006年6月，在壹週刊百大餐廳評選過後，宜蘭渡小月獲得全國第二名的殊榮，承蒙旗林出版公司程顯灝社長的肯定，邀請我撰寫一本屬於蘭陽的、代表渡小月精神的書，經過出版編輯與程社長的建議，我們規劃出這本【海鮮總動員】。

本書以海鮮料理為主，運用大量的蘭陽當地的食材，並由渡小月團隊一同研發而成，希望帶給讀者濃醇的蘭陽好風味！

很開心許多人給予渡小月肯定，這份光榮屬於大家！謝謝我的家人、謝謝我的朋友、謝謝渡小月、也謝謝觀看這本書的您，期許我們能端出更多美味的料理給前來品嚐的您！

陳兆麟

CONTENTS

渡小月的【海鮮總動員】目錄

挑逗味蕾的 前菜

名廚 創意 料理

蒸 出人間美味

香脆好味的快 炒

多汁鮮嫩的 烤 料理

油 炸 酥脆的美食

鮮美滋味的 湯 品

挑逗味蕾的前菜

前菜也是開胃菜，是營造用餐氣氛的「前戲」，大多是以素材及風味取勝，更是廚師展現的精湛廚藝最完美的部份。

一般的前菜都是以新鮮的蔬菜、水果、氽燙熟的海鮮料、生魚片、煙燻鮭魚片、烤熟烏魚片、可以冷食或熱食的紅燒鰻魚、櫻花蝦、螺肉等材料，再搭配精心特調的完美醬汁，演出一道道充滿色香味俱全，挑逗味蕾最精采的佳餚。

製作前菜的重點是：第一食材的協調搭配，第二是各種醬汁的比例味道，這二種方法看似簡單，卻是充滿了演變的趣味性，只要用心學習，您也可以輕鬆製作美味可口，令人食慾大增的前菜。

本單元的菜色是國際名廚陳兆麟老師精心設計的單元，每一道前菜都會讓您的家人充滿期待，這種完美的滋味，可以輕鬆開啟全家人的味蕾，幸福美滿就是這麼簡單。

醍醐生魚片

材料：

鯕魚片2兩、鮭魚片2兩、紅甘魚片2兩、冰圓盤1個

調味料：

芥末半兩、蘿蔔絲2兩、一陽子2根

作法：

1. 將冰圓盤放入碗中，放入生菜蘿蔔絲。
2. 擺入鯕魚片、鮭魚片、紅甘魚片。
3. 加入芥末，放入一陽子裝飾即可食用。

陳大師經驗分享：

1. 採買任何的魚類都要先檢查魚鰓是否呈鮮紅色，身體光滑不黏膩、肉質有彈性，眼睛明亮，聞起來沒有怪味，魚體保有本身的自然色澤，外皮均無破損，就表示新鮮度較佳。
2. 一陽子是花的名稱，用來裝飾菜，可以到花店選購。
3. 想吃生魚片最好是到大型的魚市場採買，並且選擇整尾切片，然後檢查生魚片的切面是否油亮，肉質按壓有彈性，色澤自然光鮮，並且放置在冷凍設備櫃，盡量不要買真空包裝，以免吃到含有化學藥劑的生魚片。
4. 紅甘魚盛產期是在初夏，體型較大的紅甘有毒性，所以最好是採買重量約在2～3公斤左右的中型魚比較好，新鮮的紅甘做成生魚片，肉質很有嚼勁，所以，可以稍微切厚一點。
5. 冰碗的製作方法是用圓型模子加入水，移入冰箱冰凍成型，再用冰刀挖空中間，或用兩個模子用細冰壓成圓形也行。

蟳寶酪梨

材料：

活蟳1尾（約半斤）、新鮮酪梨1/4顆、日本蟳肉罐各1兩、小黃瓜1條、紅番茄半個

A料：

醋、白糖、檸檬汁各1大匙

作法：

1. 活蟳洗淨用蒸籠蒸13分鐘，取出取肉備用。
2. 酪梨、小黃瓜皮、紅蕃茄去籽，全部切細末拌上橄欖油4茶匙，再用模子做成圓型，加入蟳肉放上生蔬拌勻，A料淋上即可食用，加上少許美奶滋也行。

陳大師經驗分享：

1. 剛買回家的蟳，活蹦亂跳的如何搞定呢？先將活蟳浸泡在冰水中，片刻之後，就可以開始支解它了。首先雙手一前一後握住蟳體，將胸殼用力扳開，接下來清洗乾淨（剪除肺囊、清洗腹部，刷洗蟳身、腳部位），就可以進行烹調動作了。

2. 如果買不到酪梨，可以改用小黃瓜、綠色哈密瓜替代。

醋味烏魚子

材料：烏魚子半塊、日本白蘿蔔1條、白蒜1支、香菜半兩、廣東A菜2張

調味料A：白醋1大匙、白糖1大匙

調味料B：五加皮少許

作法：

1. 白蘿蔔洗淨，用刀刨成長條型（約0. 5公分），浸泡鹽水（鹽水比例是1：10），待軟，再撈起，浸泡全部的調味料約15分鐘。
2. 烏魚子用五加皮浸泡約20分鐘，放入烤箱烤至外皮焦黃（或用平底鍋乾煎雙面），取出，切約10公分長條備用。
3. 白蒜洗淨，切約10公分的長條；香菜、廣東A菜洗淨。
4. 取一條長條型的白蘿蔔片（其他可用海苔、胡蘿蔔片等），放入洗淨的廣東A菜、烏魚子、蒜、香菜捲起來排盤即可食用。

陳大師經驗分享：

1. 如何判別公烏魚或是母烏魚？只要在烏魚生殖孔旁邊用手擠壓，公烏魚會流出白色的液體，而母烏魚則會流出黃色的液體。

2. 五加皮是台灣的酒，若是住在國外，例如：星馬港區等地，可以用紹興酒替代。

櫻花蝦拌瓜子

材料：

乾櫻花蝦4兩、瓜子仁2兩、大蒜末1大匙、紅辣椒末1大匙、蔥花2大匙

調味料：

胡椒粉2茶匙、雞粉1茶匙

作法：

1. 熱油鍋至150度，放入櫻花蝦炸脆。
2. 再續入瓜子仁馬上撈起，濾乾油份。
3. 鍋中留一大匙的油，加入大蒜末、紅辣椒末、蔥花拌炒香。
4. 放入櫻花蝦、調味料拌炒均勻即可食用。

陳大師經驗分享：

1. 炸過櫻花蝦及瓜子仁剩下的熱油，可以用來炒蔬菜，例如：娃娃菜、白菜、空心菜等。
2. 瓜子仁就是黑瓜子剝出來的肉，一般在麵包材料行有販售。瓜子仁也可以用松子替代。

時蔬鰻魚卷

材料：

白鰻魚片1條、瓠瓜乾2條、牛蒡4兩、生鮮蔬菜少許

調味料：

醬油膏、柴魚精各1大匙、白糖、米酒各2大匙、醬油2茶匙

作法：

1. 白鰻魚片用交叉刀劃切10公分長；牛蒡去皮，切與白鰻魚同寬的長條。
2. 取一片白鰻魚片，中間包入一片牛蒡，再用瓠瓜乾綁緊，待全部都綁成鰻魚卷。
3. 再放入熱油鍋140度炸至熟，撈起來，瀝乾油分備用。
4. 炒鍋加入全部的調味料，轉小火煮至湯汁濃稠，放入鰻魚卷拌勻。
5. 將鰻魚卷排入盤中，加少許的生鮮蔬菜裝飾即可食用。

陳大師經驗分享：

1. 如果買活鰻魚的話，可以先放入冰箱冷凍庫冰約30分鐘，再取出泡入熱水約5分鐘，用清水洗淨，再用鹽搓洗表面的黏液，最後用清水沖洗，即可開始進行料理的動作。

2. 食療專家將牛蒡稱為「大地之子」，因為它的根部可以直接吸收大地養分及礦物質。牛蒡含有維生素B1、B2及多種礦物質，可促進腸胃蠕動、降低膽固醇，改善貧血，或生理不順等症狀。但是牛蒡切絲之後，最好是先浸泡在稀釋的醋水中，避免氧化，色澤變黑。

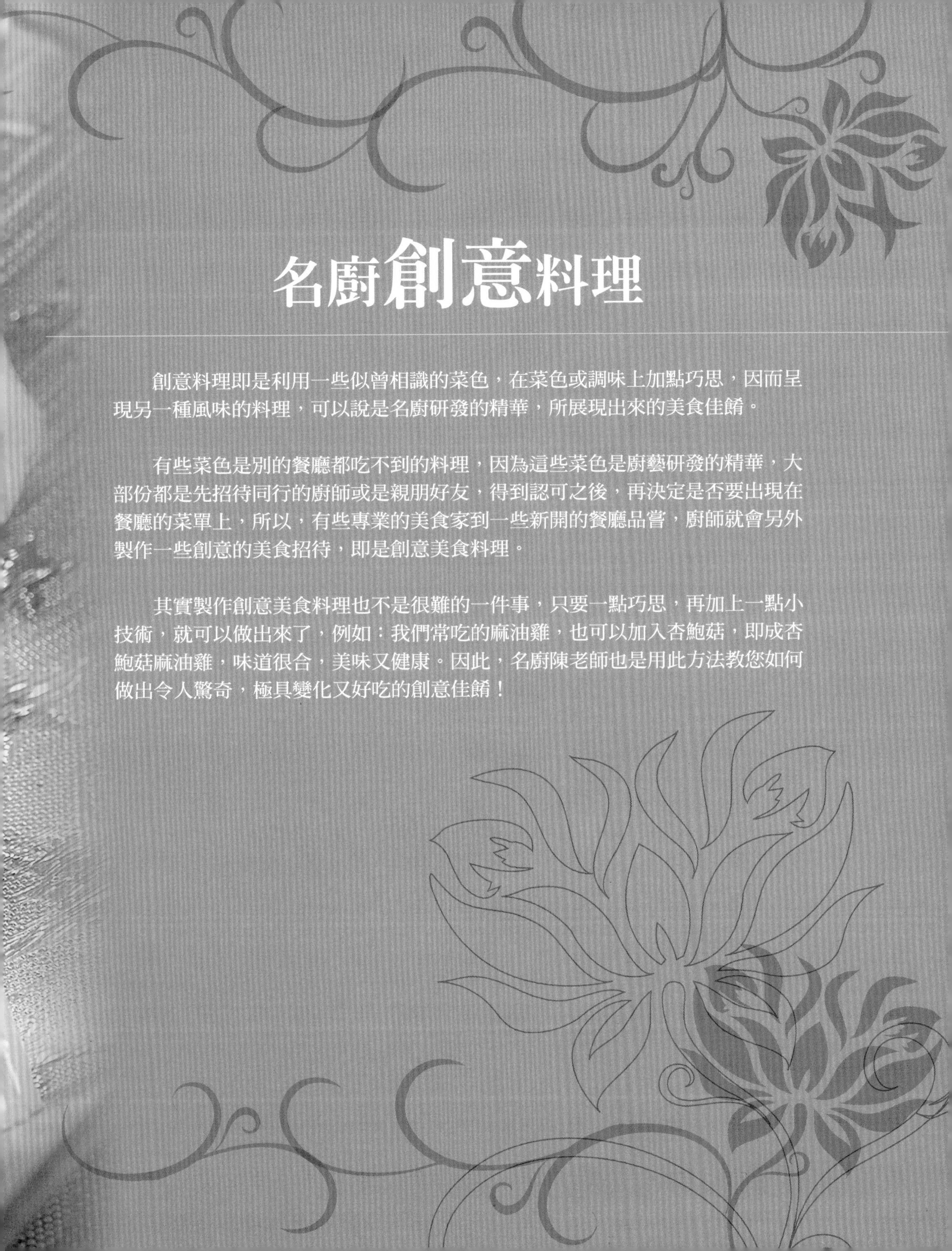

名廚創意料理

創意料理即是利用一些似曾相識的菜色，在菜色或調味上加點巧思，因而呈現另一種風味的料理，可以說是名廚研發的精華，所展現出來的美食佳餚。

有些菜色是別的餐廳都吃不到的料理，因為這些菜色是廚藝研發的精華，大部份都是先招待同行的廚師或是親朋好友，得到認可之後，再決定是否要出現在餐廳的菜單上，所以，有些專業的美食家到一些新開的餐廳品嘗，廚師就會另外製作一些創意的美食招待，即是創意美食料理。

其實製作創意美食料理也不是很難的一件事，只要一點巧思，再加上一點小技術，就可以做出來了，例如：我們常吃的麻油雞，也可以加入杏鮑菇，即成杏鮑菇麻油雞，味道很合，美味又健康。因此，名廚陳老師也是用此方法教您如何做出令人驚奇，極具變化又好吃的創意佳餚！

夾心海鮮

材料：

花枝漿半斤、油條2條、熟馬蹄末2兩、板油餡2兩、蟳管2兩、蚵2兩、韭菜末1兩

調味料：

醬油1大匙、雞粉1大匙、胡椒粉4茶匙、豆瓣醬1茶匙、高湯250cc

作法：

1. 油條放入蒸籠蒸約5分鐘取出，切成段。
2. 花枝漿、熟馬蹄末、板油餡放入容器中拌勻，包入剪開的油條。
3. 放入熱油鍋炸至酥脆，取出，放入盤中。
4. 蟳管、蚵洗淨，放入滾水中氽燙至熟，撈起，放在油條上面。
5. 炒鍋放入油2大匙燒熱，加入全部的調味料煮沸，再續入韭菜末煮熟，淋在作法4的上面即可食用。

陳大師經驗分享：

1. 板油餡是將豬油切成很細的末，適合用來做丸子調配的材料，例如：獅子頭、花枝丸或貢丸等。花枝漿只要到一般大型的傳統市場的魚店就有販售。

2. 蟳管就是指紅蟳腳肉；菜市場也有賣整盒或整包的冷凍品，價格愈低，肉質的彈性較差，若想要買品質較好的蟳管，可以直接到大批發市場中的日系海產專賣店購買，不但便宜，肉質肥美，彈性十足最好吃。

菠蘿碼頭魚

材料：碼頭魚1條、鳳梨半個、麵粉少許、太白粉水2大匙

調味料A：白糖、白醋各1大匙、胡椒粉2茶匙

調味料B：酥粉300cc、水600cc

調味料C：白糖4兩、白醋2兩

作法：

1. 馬頭魚去頭尾洗淨，取肉，切成四方型，加入調味料A醃約15分鐘，去除水分，撒入少許的麵粉。
2. 調味料B放入容器中拌匀，加入沙拉油2大匙拌匀備用。
3. 熱油鍋燒熱至130℃，放入作法1油炸至金黃酥脆，取出，放入盤中。
4. 鳳梨去皮，切末，加入調味料C煮沸，倒入太白粉水勾芡，淋作法3上即可食用。

陳大師經驗分享：

1. 這道菜有點像是糖醋魚感覺，但是更改了原來製作糖醋魚的材料及調味料，吃起來有點酸酸甜甜的，美味極了，比傳統的糖醋魚更加好吃，但是煮此道菜的魚必須選擇魚肉較多比較適合。碼頭魚也可以改用紅甘魚、龍魚替代。

2. 傳統的糖醋魚都是用番茄汁、糖和醋煮食，經過研發將食材改為新鮮的鳳梨，因為鳳梨本身的果香味，搭配醋的味道非常協調，是一道完美又好吃的創意佳餚。

鮪魚時尚風

材料：

生鮪魚6兩、紫蘇2片、雞蛋4個

調味料：

醬油少許

作法：

1. 生鮪魚切成四方型備用。
2. 將蛋打散，放入不沾鍋煎成蛋皮。擺入紫蘇葉。
3. 放入生鮪魚，包成四方型。
4. 最後切成片狀，沾醬油即可食用。

陳大師經驗分享：

1. 此道的醬汁也可以改成芥末醬油，不要用其他的醬汁，以免破壞此道菜色的鮮度及原味。

2. 日本人吃生魚片最喜歡搭配新鮮的紫蘇葉一起食用，因為紫蘇葉可以提味、去腥，並可增加視覺的饗宴。

3. 此道菜色原本是一般的日式生魚片料理，這裡加了一點創意，用蛋皮包生魚片及紫蘇葉，除了可以吃到生魚片的鮮嫩滋味，還能增添食材的香味，也能吃出健康，是一道美味的創意菜，相信您的家人也都會很喜歡這道料理哦！

蜜汁香魚酥

材料：
香魚2條、金棗適量

調味料：
金棗糕10個、紅棗10個、桂皮少許、冰糖2兩、冬瓜糖1兩、水500cc

作法：
1. 香魚洗淨，取下肉片，留魚頭和魚骨刺。
2. 全部的調味料放入鍋中煮沸，轉小火煮至湯汁呈稠狀，即成醬汁。
3. 熱油鍋，放入香魚肉片油炸，續入香魚頭和魚骨刺炸至酥，撈起，排盤。
4. 淋上作法2的醬汁，再用金棗適量裝飾即可食用。

陳大師經驗分享：

1. 提煉此道的醬汁要慢慢的煮，味道才能完全釋放出來，而且不要加蓋，以免湯汁溢出來。
2. 在煮的過程中，要適時地用湯匙攪拌一下，不要煮到糖沉澱在鍋底，甚至煮到最後湯汁變焦而產生苦味了。

水蓮燈籠花

材料：

水蓮豆6棵、大蝦仁2條、板油末1大匙、馬蹄末2個、太白粉水2大匙

調味料A：

香油半茶匙、雞粉半茶匙、蛋白少許、胡椒粉少許

調味料B：

高湯2大匙、雞粉1茶匙

作法：

1. 水蓮豆洗淨，放入滾水中汆燙，撈起，剝除外殼的筋，然後將外殼往外翻備用。
2. 大蝦仁切成泥狀，加入板油末、馬蹄末、調味料A拌勻，用手捏成球型狀。
3. 用作法1圍成燈籠狀，移入蒸籠蒸約5分鐘，取出，排盤。
4. 調味料B全部放入鍋煮沸，加入太白粉水勾芡，淋上作法3的上面即可食用。

陳大師經驗分享：

1. 水蓮豆即豌豆，俗稱為荷蘭豆、荷蓮豆。挑選以豆莢扁平、色澤青翠，外觀無傷痕，質地看起來細緻鮮嫩較佳。水蓮豆的口感鮮翠，又含有豐富的維生素、膳食纖維，可幫助美白、養顏美容、促進消化，對於更年期症候群也有很大的助益。

2. 每年美食交流協會都會舉辦美食展，活動的內容當然是少不了廚藝大賽，今年參與的團隊有米其林公司及陳肇豐老師等一起經過長時間的研發討論，特別設計出此道的創意菜，不但是色香味十足，而且一看就會令人垂涎三尺。完全不藏私的技巧，有機會自己也可以動手做做看，讓您也能輕鬆做出五星級名廚的創意料理。

番紅花鰻卷

材料：

白米1杯250cc、水650cc、番紅花1錢、鰻魚片1尾、瓠瓜乾1條

調味料：

橄欖油2大匙、胡椒粉2茶匙、雞粉1茶匙

作法：

1. 白米洗淨，用冷水浸泡約2小時，瀝乾水分，再倒入650cc的水，移入電鍋中。
2. 番紅花加水100cc浸泡開，倒入電鍋內鍋，再放入外鍋水3杯，煮至開關跳起。
3. 將飯取出，拌入全部的調味料，再放入四方模型中，壓緊。
4. 每一片的鰻魚片切交叉刀，再用瓠瓜乾綁緊，移入烤箱上下火約180℃烤約5~6分鐘（烤的中途要用李錦記烤肉醬刷約三次）至熟，取出排盤即可食用。

陳大師經驗分享：

1. 番紅花的花朵顏色有白色、紫色、黃色或白紫混合等品種，整株可使用的部份只有雌蕊，而每朵番紅花也只有三個雌蕊。番紅花的製作過程是花開之後，將雌蕊摘下，經過乾燥的製作過程，再放入密封的容器中保存，可說是全世界最貴的西洋香料。

2. 瓠瓜乾又稱為干瓢，是曬乾的細長條瓠瓜，只要用手輕輕攤開洗淨，再浸泡一下冷水，就可以將花鰻卷綁得比較緊，不讓肉卷鬆散掉，而且它香脆的口感也很好吃。在傳統的市場乾貨店就有販售。

3. 瓠瓜乾也是煮湯的聖品，適合煮排骨湯，味道芬芳甘美，清新又可口。

水蓮翻車魚

材料：

翻車魚6兩、水蓮菜1兩

調味料：

大蒜1大匙、蒜酥1大匙、李錦記魚露2大匙

作法：

1. 翻車魚洗淨，修成四方型，放入滾水汆燙，撈起備用。
2. 水蓮菜洗淨，放入加少許油的水中汆燙一下，撈起，放入碗中成圓型。
3. 加入翻車魚塊和全部的調味料，移入蒸籠中蒸約1分鐘取出即可食用。

陳大師經驗分享：

1. 水蓮菜也可以改用韭菜、芹菜絲替代。水蓮菜容易煮熟，汆熟的時間不要太久，以免失去蔬菜原有的色澤及口感。

2. 翻車魚在台灣沿海中有三個品種，分為翻車魚、黃尾翻車魚、矛尾翻車魚等。翻車魚又稱干貝魚、曼波魚、蜇魚，臺灣話又叫做「魚過」，體型長得很怪異也很可愛，身體很短而側面厚，尾鰭短小，背鰭和臀鰭相對著，因此也有人叫它為「頭魚」。翻車魚的雌魚堪稱是海洋中最會生小魚的魚類，每次約可生產三億魚卵。

蒸出人間美味

蒸食料理的方式簡單又快速，只要把材料的前處理完成，通通放入鍋中，移入電鍋等待開關跳起來或是移入蒸籠內清蒸數分鐘，即可完成各式的美味佳餚，而且無油煙，也不用花時間打掃廚房，還能保留食材天然的美味。

清蒸的重點是：

1.如果食材本身有腥味，可以先放入滾水中汆燙、沖淨，並在蒸鍋內添加薑片、酒及蔥等去腥的食材。
2.用電鍋蒸煮，如果食材沒有熟透，可以再加入一杯水，再蒸煮一次。
3.海鮮材料如果不容易煮熟，可以先放入滾水中汆燙一下，加入調味料，再蒸2-3分鐘，讓味道入味，就可以減少蒸煮的時間。
4.清蒸魚的製作技巧：魚洗淨，放入盤中，擺入薑片、酒、蔥段、少許的鹽，再放入蒸籠內先蒸約3分鐘後取出，將盤中的湯汁倒掉，再放入蒸籠內繼續蒸約5-7分鐘，再淋入滾燙的熱油，撒上少許魚露即可端上桌，此種作法不會有魚腥味。
5.蒸蛋的製作技巧：蛋打散後，最好用濾網過濾蛋液，加入高湯（蒸蛋最好吃的比例是使用溫高湯2/3、蛋液1/3拌匀），蓋上保鮮膜，可以避免水蒸氣滴入影響口感，而且火候一定要用中火，不可以用大火，蒸出來的蛋，才會細緻滑嫩又好吃，如果是用電鍋蒸蛋的話，記得要在鍋口中架上兩根筷子，使溫度不要完全密閉，蒸好的蛋也不會產生細孔哦！

蒜味貝眼

材料：

翻車魚眼睛1個（貝肉）、蔥絲1支、大蒜末1大匙

調味料：

醬油膏1大匙、醬油1大匙、雞粉1大匙、豬油1大匙

作法：

1. 翻車魚眼睛洗淨，放入滾水汆燙約3分鐘，撈起沖淨，放入碗中備用。
2. 炒鍋燒熱，加入油１大匙，放入大蒜末爆香。
3. 續入調味料炒勻，淋在作法1的上面。
4. 移入蒸籠蒸約6分鐘，取出，加入蔥絲裝飾即可食用。

陳大師經驗分享：

1. 翻車魚眼睛不容易買到，除非是到大型的魚市場，一般家庭如果要做此道菜，若是買不到這個食材，可用貝肉替代。
2. 採買翻車魚眼睛的重點是要新鮮，聞起來沒有怪味較佳。

鵝肝九孔

材料：

生九孔6個、白蘿蔔1條（約1斤半）、洋蔥末2兩、牛奶50cc、太白粉水1大匙

調味料A：柴魚水1公升、醬油2大匙、鵝肝醬4大匙、奶油4大匙

調味料B：雞油2大匙、柴魚水1公升、雞粉2茶匙

作法：

1. 先把九孔洗淨，放入滾水汆燙一下，第二次再用乾淨的燙水再浸泡約10分鐘。
2. 炒鍋加入少許的油燒熱，加入洋蔥末炒香，再放入調味料A轉小火煮約10分鐘，過濾湯汁。
3. 倒入牛奶50cc拌勻，加入太白粉水勾芡備用。
4. 白蘿蔔去皮，用模子壓成6公分的圓型狀，放入滾水中汆燙，撈起，放入盤中。
5. 加入調味料B，移入蒸籠煮約20分鐘，取出，擺入九孔，淋入芶芡汁即可食用。

陳大師經驗分享：

1. 如何選購九孔？第一重點當然是要以活體為主，因為吃海鮮要選新鮮最佳，再挑肉質肥厚飽滿，表面沒有雜物，色澤光亮，腹足的吸附力強的九孔。

2. 洋蔥採買要選擇外皮的色澤呈自然褐色，沒有任何的斑點，表皮紋路明顯，蔥頭無發芽現象，拿起來有沉重感較佳。洋蔥最好是用網狀袋包裝，放在通風乾燥的地方，約可存放20天左右。

3. 此道鵝肝九孔的芡汁，加入牛奶調味，可讓口感吃起來更滑潤順口又美味。

吻丸杏菜

材料：

吻仔魚半斤、杏菜半斤、太白粉水2大匙

調味料A：

花枝醬4兩、蝦仁醬4兩，馬蹄末2兩、胡椒粉1大匙、香油1大匙、細糖1茶匙

調味料B：

蟹黃1兩、高湯100cc、香油1大匙、胡椒粉2茶匙

作法：

1. 先將調味料A放入容器中攪拌均勻。
2. 吻仔魚洗淨，取少許吻仔魚沾作法1，用手捏成一個個的小圓球狀，再移入蒸籠蒸約15分鐘，取出，即成吻仔魚丸。
3. 杏菜洗淨，放入滾水中汆燙快速撈起，排入盤中，加入吻仔魚丸。
4. 調味料B放入鍋中用小火煮沸，加入太白粉水勾芡，淋入作法3即可食用。

陳大師經驗分享：

1. 馬蹄末也就是荸薺，又稱為馬薯，可以用來煮雞湯、排骨湯，或是切碎加入各種餡料中，增加口感的脆度。沒有削皮的馬蹄可以直接放入保鮮袋，移入冰箱冷藏，大約可以存放7天左右，如果肉質變色就不要食用。

2. 市面上也有削好的馬蹄販售，但是都是浸泡在水中，防止變色，味道當然比較失色，所以不要偷懶，還是自己動手做比較美味。

3. 吻仔魚不要採買色澤太白，建議要挑選魚身乾爽，色澤自然明亮略帶點灰色，聞起來沒有化學味較佳。處理吻仔魚只要放入細的過濾網用冷水沖洗三次，再瀝乾水分或用紙巾吸乾，就可以進行烹調動作。

五柳魚卷

材料A：鯖魚1條

材料B：香菇絲3朵、紅蘿蔔絲1兩、木耳絲1兩、竹筍絲1兩、蔥絲3支

調味料A：胡椒粉1大匙、糖1大匙

調味料B：黑醋2大匙、白醋2大匙、白糖1大匙、醬油1大匙

作法：

1. 材料A洗淨，去除魚刺，取下魚肉，刨成薄片。
2. 加入調味料A醃約20分鐘。
3. 取一片魚肉薄片，包入少許的材料B，然後捲成一個個的小魚卷。
4. 將每一個小魚卷都沾入少許的太白粉，放入熱油鍋140℃中油炸至金黃酥脆，取出，用刀去除頭尾排盤。
5. 調味料B放入鍋中轉小火煮沸，倒入太白粉水芶芡，淋在小魚卷上面即可食用。

陳大師經驗分享：

1. 片取魚片的訣竅是刀子一定要很利，要順著紋路切下去，如果用逆紋切，魚肉片容易散掉，無法維持完整。

2. 此道的鯖魚材料，也可以改用加納魚、紅石斑、石斑、蝴蝶魚、鱸魚、紅甘魚等替代。

酸菜海鯽魚

材料：

海鯽魚3條、花蓮鹹菜2兩、肉餡2兩、豬油2大匙、魚露醬油50cc、蔥花1支

調味料：

醬油膏1大匙、雞粉1大匙、糖1大匙、香油1大匙

作法：

1. 海鯽魚先洗淨，去除中間的骨刺備用。
2. 鹹菜浸泡一下水，去除細砂，再用冷水洗淨，切成末，放入滾水汆燙，撈起備用。
3. 炒鍋燒熱，加入豬油2大匙，續入蔥花、肉餡炒至有香味。
4. 加入鹹菜、全部的調味料，加蓋，燜煮約5~6分鐘，待涼。
5. 將作法4塞入海鯽魚肚中，用不沾鍋煎至兩面金黃略熟。
6. 再移入蒸籠蒸約5分鐘取出，淋上魚露醬油，撒上蔥花即可食用。

陳大師經驗分享：

1. 鹹菜又稱為酸菜，是以前客家族群將生產過剩的農產品「芥菜」，利用鹽巴醃製在甕裡，等過了一段時間就變成一種美味食材，不但可以長期保存，而且鹹菜也不容易變質，適合煮湯、炒，例如：鹹菜豬肚湯、鮮筍鹹菜湯，甘甜多汁，湯鮮味美，或是只要一點細絞肉拌炒酥脆的老鹹菜，即成一道下飯的好料理。

2. 一般人煮魚都會放蔥段、薑片及酒來去除魚腥味，而此道的海鯽魚本身腥味較低，所以，用另外一種烹調法來去除少許的魚腥味，也就是利用鹹菜的鹹味，搭配煎及清蒸的方式，即可完全去除海鯽魚少許的腥味了。此道海鯽魚也可以用白鯧魚替代。

山葵根蒸魚

材料：

紅石斑肉5兩、豆腐1/4個

調味料：

山葵罐頭1大匙、醬油膏1大匙、米酒1大匙、破布子1大匙、豬油1大匙、豆豉末2茶匙、紅辣椒末1茶匙

作法：

1. 豆腐用冷水沖淨，再放入碗內。
2. 紅石斑肉用熱水沖洗乾淨，再放入碗中。
3. 加入全部的調味料，移入蒸籠蒸約8分鐘，取出即可食用。

陳大師經驗分享：

1. 破布子又稱為甘樹子，是一種傳統的醃漬食物，適合炒山蘇、蒸魚、蒸絞肉等料理，而且破布子的甘味最適合搭配魚肉的鮮美，不但有去腥的作用，還可以提味。破布子可以到超市買罐頭製作的，或是在傳統市場也有人專賣醃漬品，但是料理前，別忘了先試嚐一下鹹度哦！

2. 山葵全株皆可食用，是阿里山的特產，例如：山葵醬、芥末椒鹽、莖品罐頭、醃製的根、還有芥末豆及芥末麻薯等產品，一般搭配生魚片磨成泥的山葵醬，都是使用山葵的根莖部研磨而成的。山葵罐頭必須在日系的超市才有販賣，內容物呈條狀，是阿里山的特產，若是沒有此材料，也可以用山葵醬1茶匙替代。

鹹魚肉卷

材料：

鹽鯖魚半條、五花肉半斤

調味料：

薑絲適量

作法：

1. 鹽鯖魚洗淨，用利刀切除魚皮，取一半魚肉切片，另一半魚肉切末，即成魚餡。
2. 五花肉切與魚肉片大小相同。
3. 取一片魚片，上面撒入少許的太白粉，再擺入一片五花肉片、少許的魚餡及薑絲，即成一個個鹹魚肉捲，排入盤中。
4. 移入蒸籠內蒸約10分鐘，取出，排盤，搭配盤飾即可食用。

陳大師經驗分享：

1. 鹽鯖魚含有豐富DHA與EPA，可以降低膽固醇及預防心血管疾病等功效。一台斤的價格約在85元左右，便宜美味又健康，適合煎或烤，是正餐的下飯菜或小酌的下酒菜，適合全家大小一起享用。

2. 烤鹽鯖魚前，先洗淨表面的雜質，用紙巾擦乾水分後，移入烤箱（上火230度，下火200度）烤約25分鐘，即可取出，再淋入少許的檸檬汁，簡單方便又營養滿分。

3. 此道的鯖魚外還可以用其他的魚替代，例如：紅石斑、紅甘魚、石斑魚、紅飛刀魚等。

南瓜芙蓉干貝

材料：

日本生干貝1個、蛋白250cc、牛奶各250cc、新鮮百合半兩、太白粉水1大匙

調味料：

南瓜泥2兩、牛奶50cc、糖1大匙

作法：

1. 先煮一鍋沸水，放入干貝泡至熟，取出，放入油鍋煎雙面備用。
2. 蛋白打散，加入牛奶、百合放入碗中，入蒸籠蒸約12分鐘，續入干貝續蒸約4分鐘。
3. 調味料拌勻倒入鍋，加入太白粉水勾芡，淋在干貝上面即可食用。

陳大師經驗分享：

1. 南瓜泥的製作方式是將南瓜去皮，放入電鍋內蒸熟，取出，倒入果汁機內打成泥狀，即成南瓜泥。利用南瓜泥也可煮成一道香醇可口的西式南瓜濃湯，其作法是平底鍋燒熱，放入奶油燒熱，加入洋蔥絲炒香，續入百里香、番茄丁、南瓜泥、雞湯塊煮沸，轉小火續煮約20分鐘，最後倒入鮮奶拌勻，放入胡椒粉及鹽調味即成。

2. 採買生干貝要選可以生吃的較佳。生干貝泡沸水可使干貝的肉質不會變老，浸泡的時間約5～6分鐘左右。

鮭魚薏仁蝦

材料：

煙燻鮭魚片2條（約20×10公分）、泡好薏仁2兩、乾蝦仁1兩、蔥花1支

調味料：

雞粉1茶匙、香油2茶匙、壺底油2茶匙

作法：

1. 將鮭魚片放入圓型的模子中；乾蝦仁泡水至軟。
2. 炒鍋燒熱，加入油１大匙，放入蝦仁、蔥花爆香。
3. 加入薏仁、調味料炒勻，移入蒸籠蒸熟取出。
4. 放入模子中壓緊，移入蒸籠蒸約6分鐘取出，反扣在盤面上，擺上蒜絲裝飾即可。

陳大師經驗分享：

1. 此道的模子可改用布丁模、四方型的模子、小杯子或是將材料用保鮮膜包成球狀，再打開，移入蒸籠也行。

2. 鮭魚的油脂豐富，如果要乾煎不用放太多的油；油炸鮭魚要順著紋路切開，肉質才不容易散掉，再把外皮水分吸乾，才不會起油爆。新鮮的鮭魚肉最適合生食、燒烤、油煎、清蒸及炸等烹調方式。

3. 容易感冒或是貧血者，經常食用鮭魚對健康非常有益。

雪花海中仙

材料：

飛刀魚1塊（約4兩）、白蘿蔔半斤、太白粉水2大匙

調味料：

醬油1大匙、米酒1大匙、柴魚水250cc、薑片3片、白糖4大匙

作法：

1. 白蘿蔔先洗淨，削皮，用磨泥器磨成泥，再用網子過濾。
2. 全部的調味料放入鍋中，轉小火加熱煮沸，再加入太白粉水芶芡。
3. 飛刀魚洗淨，切片，放入作法1，移入蒸籠蒸約10分鐘取出，淋入作法2的上面，撒入少許的檸檬絲即可食用。

陳大師經驗分享：

1. 飛刀魚一定要選新鮮的，魚刺要清除乾淨。飛刀魚也可用碼頭魚替代。
2. 柴魚水製作：柴魚片4兩加水半斤放入鍋煮沸，改小火續煮約10分鐘，過濾即成柴魚水。

海鮮栗子粽

材料：

青竹葉6張、生干貝6個、栗子6個、馬蹄6個、香菇2朵（泡好）、芋頭丁2兩、花枝漿半斤、蔥4支、乾蝦仁半兩

調味料：

香油2大匙、胡椒粉2大匙、雞粉2茶匙、白糖2茶匙

作法：

1. 生干貝用沸水泡熟；栗子、香菇、馬蹄、芋頭洗淨，全部切丁備用。
2. 蔥洗淨，切小段；乾蝦仁泡水備用；青竹葉刷洗乾淨。
3. 炒鍋加入油2大匙，放入蔥、蝦仁炒香，續入作法1的材料炒勻，待涼。
4. 加入花枝漿、調味料拌勻，用青竹葉包成一個個的粽子狀，移入蒸籠蒸約12分鐘即可食用。

陳大師經驗分享：

1. 製作花枝漿的程序除了要拍打、加太白粉、蛋清等材料，還要花很多的時間，建議到大型的市場直接買做好的花枝漿，比較方便又省事。

2. 有時煮一道菜非要用到很多的蔥時，要是碰到颱風季節青蔥的價格非常貴，建議家庭主婦可以到大型批發市場一次購買一大把，不要洗淨，切除根部，用濕的報紙包起來，再放入保鮮盒，約可保存15至20天左右，或是取出一些青蔥直接洗淨，切成蔥花，放入塑膠袋內，放入冰箱冷藏櫃中保存，等要用時可以直接烹調，還能維持原來的色澤，簡單又方便。

刺膽淮山

材料：

刺膽5片、山藥4兩、檸檬片1片、玻璃紙1張、蔥花少許

調味料：

柴魚粉250cc、薄醬油1大匙、雞粉半大匙

作法：

1. 山藥去皮，移入蒸籠蒸熟，壓成泥狀備用。
2. 攤開一張玻璃紙，擺入刺膽、山藥泥，再包成球型。
3. 移入蒸籠蒸約8分鐘，取出，放入碗中。
4. 將全部的調味料煮沸，淋入作法3的上面，再放入檸檬片、蔥花即可食用。

陳大師經驗分享：

1. 淮山又稱為山藥，是日本人十分喜歡的養生食材，適合生吃或熟食，男人吃了可以壯陽、固腎益精、提高性能力；女人吃了可以養顏美容、滋陰抗老化，使肌膚光澤亮麗。

2. 山藥的品種很多，有分為日本或台灣二種，台灣的山藥有長條狀或塊狀；外皮顏色較黑，莖塊煮熟的口感較為粗鬆。日本山藥均是經過空運冷藏，外皮呈淡褐色，肉質口感較細嫩。如果一次食用不完的山藥，切口可以用保鮮膜包好或是抹上少許的醋或鹽巴，可以防止變乾澀，再移入冰箱冷藏保存。

龍皇彩球

材料：

小龍蝦1尾（約3兩）、芙蓉豆腐1塊、老菜脯半兩、白蘿蔔4兩、排骨4兩、大骨高湯1000cc

調味料：

雞粉1茶匙、米酒1大匙

作法：

1. 小龍蝦洗淨，取肉備用；老菜脯用冷水沖洗乾淨；白蘿蔔去皮，切成圓狀；排骨放入滾水中汆燙，撈起，沖淨。
2. 老菜脯、白蘿蔔、排骨和大骨高湯1000cc煮沸，轉小火提煉湯汁2小時，加入調味料拌勻，即成湯汁。
3. 取一張玻璃紙，放入龍蝦、蛋豆腐，然後包起來捏成圓球狀。
4. 移入蒸籠蒸約10分鐘，取出，放入碗中，淋上作法2的湯汁即可食用。

陳大師經驗分享：

1. 蝦的種類很多，如何挑選新鮮的蝦呢？鮮蝦的外型要完整，頭身沒有分離，表面有光澤，按壓蝦身有彈性，沒有異味或體液流出來較佳。

2. 老菜脯是經過長期曬乾醃製的食材，常會藏有一些細砂或雜質，所以，料理之前一定要充份洗淨，吃起來才不會有沙沙的感覺。

3. 此道也可以改用傳統豆腐，但是如果買回來之後，沒有馬上使用，建議置放在裝滿水的保鮮盒內貯存，並每天都要更換清水，以免豆腐變質。

4. 煎豆腐有撇步：在煎之前先用紙巾把水分吸掉，油煎豆腐時，就不會容易破碎哦！

香脆好味的快炒

「炒」是鍋中放入少許的油燒熱，加入材料快速翻炒，再加入調味料，即可完成一道美味佳餚，炒菜的重點在於食材放入的順序，例如：炒空心菜先放入梗，再續入葉，因為二者的熟度時間不同，所以，炒菜的食材放入順序是非常的重要。再來是炒菜時間，火候拿捏很重要，如果是放入易熟的食材或是已汆燙至熟的材料，炒的時間不宜太久，假使需要炒比較久的材料，可以加入少許的水，加蓋燜，以保持鍋內溫度，加速炒料的熟度，很快就可以上桌食用了。

炒菜的火候很重要，各種火力的區別如下：

＊旺火：又稱為大火或武火，溫度非常的高，所以，烹調的速度要快，才可以保留食材的原汁原味。適合生炒海鮮、爆炒、滑炒等烹調法。

＊中火：又稱為文火或慢火，火力介於旺火與小火之間，火焰較低，且不安定。適用於烹煮醬汁較多，慢火熬煮收汁使食材入味的菜色，或熟炒、油炸均可。

＊小火：又稱為文火或溫火，火力很小，熱度低，一般比較適合用於不易煮爛的或是要慢煮而熟的材料，適合紅燒、乾炒、煮等方式烹調。

＊微火：又稱為煙火，火力極小，熱度極低，適用於需要要時間燉煮的材料，使食物有入口即化的口感，還能保留食材的原味，適合燉、煨、燜方式烹調。

櫻花蝦炒飯

材料：
白飯1碗、大竹筍1支、雞蛋1顆、鴨蛋1顆

A料：
火腿丁1大匙、櫻花蝦1大匙、洋蔥丁1大匙、蔥花1支

調味料：
醬油1大匙、胡椒粉1大匙、雞粉1茶匙

作法：
1. 竹筍放入滾水中煮熟，取出後段，挖空備用。
2. 炒鍋燒熱，倒入油2大匙，放入雞蛋、鴨蛋炒至起泡。
3. 加入A料，轉中小火拌炒均勻，再放入白飯、調味料細心慢火拌炒至勻。
4. 盛入挖空的筍內裝盤即可食用。

陳大師經驗分享：

1. 煮白飯有秘訣：白米與水的比例是1：1；煮成粥的比例是1：8。如果要用來炒飯可以將白米與水的比例改為1：0.9，讓白飯的溼度稍微乾一點。

2. 為什麼炒飯一定用冷飯才會炒得好吃呢？因為剛煮好的白飯，經過燜約10~15分鐘的動作，可以讓米粒吸收多餘的水分，使整鍋的白飯軟硬度相同，但是剛煮好的白飯還是會有水蒸氣，不適合用來炒飯，此時可以將飯盛在平盤上，待白飯冷卻，沒有水分之後，炒出來的飯就能粒粒分明，且香Q又好吃。

3. 竹筍可以用雕刻刀挖空，或是用尖刀處理也很方便，因為是盛裝的容器，只要中間的肉取出來就可以盛裝炒好的飯，在整體的視覺比較漂亮，如果不會挖竹筍也可以直接用盤子盛起來食用。

鹽酥烏魚鰾

材料：

大烏魚鰾10個、起士粉3大匙、太白粉5大匙

調味料A：

細糖1大匙、香油1大匙、雞粉2茶匙、鹽1茶匙

調味料B：

七味粉2大匙、雞粉1茶匙

作法：

1. 烏魚鰾洗淨，畫刀切成兩片，加入調味料A醃約15分鐘。
2. 再放入起士粉、太白粉攪拌至乾備用。
3. 熱油鍋（油約2公升）加熱至140℃，放入作法2炸至金黃酥脆，撈起來。
4. 炒鍋加入油1大匙燒熱，放入作法3、調味料B拌炒均勻，即可盛盤食用。

陳大師經驗分享：

1. 烏魚從頭到尾都都可以吃，只要經過廚師的巧手，煎、煮、炒、炸等烹調方式均可料理，例如：碳烤烏魚子、塔香炒烏魚鰾，還有鹽酥烏魚鰾均是一流的美食。

2. 烏魚鰾就是取自於烏魚的胃，以鹽酥的方式料理最好吃，酥脆又略帶點咬勁，很夠味。烏魚鰾也可以直接油炸，撒入少許的胡椒鹽，香脆又好吃。

鹽酥肚條

材料：

石斑魚肚4兩、太白粉3兩、蛋1個

調味料：

胡椒粉1茶匙、白糖1大匙、香油1大匙、白芝麻1大匙、薑末2大匙、香油2茶匙

作法：

1. 石斑魚肚用清水洗淨，放入加有蔥薑酒的水中汆燙一下撈起，切成條狀。
2. 放入全部的調味料醃約20分鐘，再加入太白粉和蛋攪拌均勻。
3. 熱油鍋至120度，加入作法2炸至金黃酥脆，撈起來，排盤即可食用。

陳大師經驗分享：

1. 此道菜也可用豬肚針替代，豬肚針是指豬肚的前端部份，口感較脆。
2. 生豬肚清洗的方法：先剪去內外的肥油部份，用麵粉、沙拉油或酒兩面不斷的搓揉翻洗，待去除黏液，再用冷水沖洗乾淨，放入滾水汆燙約3分鐘，去除肚尖黃色硬皮，再另起一鍋加有薑、蔥、酒的滾水，轉中小火煮約40分鐘，再用筷子插入測試豬肚的熟度，喜歡吃軟一點就再多煮10～15分鐘。

蜜棗魚串

材料：

加納魚1條、胡椒粉2茶匙、白糖2茶匙、雞粉1茶匙、太白粉少許

調味料：

桂皮少許、冰糖2兩、冬瓜糖1兩、太白粉4兩、紅棗10顆、鹹金棗10顆

作法：

1. 先將全部調味料放入鍋煮沸，轉成小火續煮約30分鐘，提煉成醬汁。
2. 加納魚去除魚鱗，洗淨，取下魚肉，切成長條形。
3. 放入胡椒粉、白糖、雞粉醃約10分鐘，取出，用鐵叉串成圓形狀，撒入太白粉。
4. 熱油鍋至150度放入作法3炸至金黃酥脆取出。
5. 另起鍋加入作法4及調味料拌炒，淋入醬汁即可食用。

陳大師經驗分享：

1. 加納魚加入調味料，一定要撒入少許的太白粉，可以吸取多餘的水分，放入油鍋中炸，才不會起油爆。

2. 魚片是很容易煮熟的食材，如果有沾了太白粉下鍋，放入油鍋宜先大火炸，等魚肉定型之後，再轉中火，不要炸太久，只要魚片呈現金黃酥脆狀，即可馬上撈起來，放在吸油紙上吸乾多餘的油分。

3. 取魚肉的技巧：先切除魚頭，然後從魚脊處（避開最旁邊的魚鰭及魚骨）用平刀法慢慢切取魚肉，而另一邊也是從魚脊邊，用平刀法取下魚肉，剩下的魚頭及魚骨可以用來煮味噌湯或清魚豆腐湯，味道鮮甜又好吃。

多汁鮮嫩的烤料理

記得小時候最喜歡邀喝三五好友找個空地做土窯烤蕃薯、叫化雞等料理，那種剛烤出來的滋味，還有大家一起搶食物的歡笑聲記憶，至今都讓我無法忘懷。由於科技的進步，發明了烤箱，成為家庭必備的廚具之一。

使用烤箱只要將溫度事先預熱，放入食物，設定好時間就可以享受美食。烤箱可以做出各式的佳餚，例如：美式碳烤、西式焗烤、日式燒烤、南洋風味的串烤等料理，光聽名稱就足以讓人垂涎三尺了。

想要品嚐美食當然是要先學會烤的烹調技巧：

1.烤前5-10分鐘，必須先將上下火的溫度設定好，進行預熱的動作。
2.烤前最好都必須要先將食材醃至入味，在烤的過程中，最好要適時抹上醃料醬汁，並且偶爾翻面，使熟度均勻，味道才會分佈恰到好處，汁多味美。
3.有關醃料的醬汁，除了可以自行調製，也可以買市售方便的各式烤醬，例如：烤肉醬、黑胡椒醬、磨菇醬、番茄醬等，省時方便又美味！
4.醃食材也可以在晚上做好，放入冰箱冷藏，等隔天再取出來烤，味道更佳。如果食材沒有烤完，也可以繼續放在冰箱冷藏，方便又不用擔心食材變味。
5.烤較厚的食物，時間要拉長，溫度降低，若是較薄的食材則是相反。烤的過程中不要常去打開烤箱門，以免溫度大量流失，還會拖延烤的時間。
6.烤箱應該經常保持清潔，例如：烤盤要先鋪上鋁箔紙再放上食材烤、烤完食物要等冷卻之後，馬上擦拭內部殘留的油漬、每星期使用烤箱專用的清潔劑或是自製清潔劑（如蘇打水、檸檬水）擦拭乾淨。

番茄娘子

材料：

紅番茄3個、蔥段1支、鴨蛋、雞蛋各1個、起司條1兩、竹葉3片

調味料：

白糖2大匙、鹽1茶匙、豬油1大匙、沙拉油2大匙

作法：

1. 番茄去除蒂頭，放入滾水中汆燙，撈起，去皮挖空留茄肉和籽。
2. 鴨蛋、雞蛋分別打散備用。
3. 炒鍋加入油3大匙燒熱，放入蔥段炒香，加入作法2的蛋炒至起泡有香味。
4. 再續入番茄肉、全部的調味料拌炒均勻，填入挖空紅番茄裡面，上面擺入起司條，移入烤箱上下火約180℃烤約10分鐘變成褐色，再用竹葉裝飾即可食用。

陳大師經驗分享：

1. 紅番茄宜選色澤愈紅，含有愈多的番茄紅素，可以抗老化，預防癌症，是養生最佳食材。番茄存放在冰箱冷藏室約可貯存2～3天。

2. 番茄去皮法：放入滾水汆燙，撈起，馬上浸泡冰水，即可輕易剝除表皮。如果是量較多的小番茄，可先洗淨，擦乾水分，放入熱油鍋約150°略炸數秒，即可全部去除表皮。

竹筍珍寶

材料A：
綠竹筍2支、起司條1兩

材料B：
蔥2支、鮮蝦仁6尾、栗子4個、芋頭1兩、香菇2朵、紅蘿蔔半兩

調味料：
胡椒粉、香油各1大匙、雞粉1茶匙、糖2茶匙

作法：
1. 全部的材料B洗淨，全部切成丁，放入炒鍋加入少許的油炒香，續入全部的調味料拌炒均勻，即成醬料。
2. 綠竹筍洗淨，放入滾水中煮熟，取出，切半，挖空中間的肉。
3. 塞入醬料，上面擺入起司條，移入烤箱上下火約180℃烤約15分鐘，至起司條呈焦黃色，取出排盤即可食用。

陳大師經驗分享：
1. 好吃的綠竹筍外型要選擇彎彎的沒有長肉瘤，尾端細嫩不粗糙，頂端尖尖的部部份沒有呈現綠色，只要是外型長得像駝背的竹筍較佳。若是竹筍外觀出現圓型肉瘤則代表肉質的纖維老化，可能會產生苦味。

2. 芋頭是澱粉類的食物，含有豐富的膳食纖維，容易產生飽足感，減少熱量吸收，還有預防便秘的作用。芋頭的表皮含有刺激性的草酸鈣，若是直接接觸，皮膚容易發癢，可以戴上手套，或是放入滾水煮熟（破壞刺激性的成分），再削皮，皮膚就不會癢了。

魚卷美人腿

材料：紅石斑魚1條、茭白筍6支、水蓮4條

調味料A：胡椒粉2茶匙、白糖2茶匙、雞粉1茶匙

調味料B：柴魚粉2茶匙、白糖2大匙、醬油膏3大匙

作法：

1. 紅石斑魚洗淨，去除魚鱗，切取魚肉片，再切成薄條狀，加入調味料A醃約5分鐘。
2. 調味料B的材料全部放入碗中拌勻，即成醬汁。
3. 茭白筍洗淨，切片；水蓮洗淨，放入滾水中汆燙至熟，取出，放入冰水浸泡冷卻備用。
4. 取一片紅石斑魚片，中間放入一片茭白筍，然後捲起來，再用水蓮綁緊。
5. 移入烤箱上下火約180℃度烤約20分鐘，再取出刷上醬汁，即可排盤食用。

陳大師經驗分享：

1. 茭白筍是埔里最有名的特產，因為形狀及色澤白皙有點像女人的美腿，又暱稱美人腿，適合涼拌、炒、煮湯等料理方式。挑選茭白筍宜選筍殼潔白光滑、沒有黑點，中端沒有突起較佳。如果外表出現黑點則是代表肉質比較不鮮嫩。茭白筍是炎夏中的減肥聖品，熱量低、水分足，很容易產生飽足感。

2. 此道的紅石斑魚也可以其他新鮮的魚肉替代。

蒜香烤明蝦

材料：

大明蝦6尾、蒜末2兩、蒜酥2兩、蛋黃3個

調味料：

雞粉1大匙、醬油膏2匙（拌勻）、醬油、香油各1大匙

作法：

1. 蒜末、蒜酥剩和全部的調味料拌勻，即成醬料。
2. 大明蝦洗淨，去除腸泥，剖開蝦肉，移入烤箱上下火約150℃烤約10分鐘至半熟
3. 再淋入醬料烤至全熟（中途用蛋黃刷上3次），即可取出食用。

陳大師經驗分享：

1. 如果是買市售現成的整包蒜酥，可以放入烤盤攤平，移入烤箱以150℃烤約2分鐘，味道會更香。

2. 自己做蒜酥較佳，製作的方式是先熱油，轉小火，放入蒜末用中小火炸至色澤呈現一點咖啡色，快速撈起來，攤平在吸油紙上面，用電風扇吹涼，香噴噴又酥脆，而且也沒有臭油味。

油炸酥脆的美食

油炸的小撇步：

1.有些食材的烹調方式必須過油的動作，才會煮得好吃：例如：螃蟹、肉類、四季菜或其他蔬菜，通常過油時油量要多，但火力不可太大，而且油的溫度一定要夠，否則例如炸肉沾裹的粉料容易脫落，肉汁也會流失掉。

2.油炸肉質的油溫最好控制在150℃左右，例如：鍋中倒入半鍋油，轉中火開始燒熱，放入蔥段測試會浮起來，則表示溫度剛好可以開始放入食材油炸了。

3.油炸紅燒獅子頭時，油溫要夠，再放入肉丸轉中火開始油炸，並以鍋鏟不斷翻動，以免沾黏鍋底，當表面固定住，不會破碎再轉中小火即可使內部熟透，而不會產生外焦內生。

4.油炸海鮮魚類，例如：魚、花枝、吻仔魚、章魚或干貝等，如果沒有沾粉料，就必須擦乾水分，以防油爆。

5.油炸烹調不可以把鍋蓋蓋上，以免油的溫度升高，在鍋蓋內層產生水分，流入熱油，就會產生油爆，使廚房到處都是噴油，甚至炸傷人。

6.認識油溫的辨別法：

＊低熱油溫（70℃-110℃）：沒有油煙，放入蔥段會沉入鍋底，沒有任何的油泡。

＊中熱油油（110℃-170℃）：有少許的油煙，而且油會由鍋邊集中向中間滾沸，放入蔥段會稍微浮起來，也有少許的爆裂聲。

＊高熱油油（180℃-220℃）：有較多的油煙，但油面平靜，放入蔥段會馬上浮出油面，而且有比較多的油泡及油爆的聲響。

櫻花蝦酥餅

材料：

櫻花蝦2兩、韭菜末2兩、地瓜1斤

調味料：

白糖半兩、胡椒粉2兩、蛋1個

作法：

1. 地瓜去皮，用剉菜板剉成細絲。
2. 拌入全部的調味料、加入韭菜末、櫻花蝦拌勻。
3. 放入熱油鍋（油量2升）約130℃油炸至呈金黃酥脆狀，排入盤中即可食用。

陳大師經驗分享：

1. 此道的作法2可以取一小塊狀（例如：一人份），放入熱油鍋炸，也可以全部稍微壓成一大片，放入油鍋炸，再取出，切成小片狀，排盤裝飾也比較整齊好看。
2. 地瓜又稱為蕃薯，在日據時代的農村裡是最普遍的主食。現在回歸自然飲食，以前廉價的地瓜，現在的價格翻身數倍，因為經過營養學家證實地瓜有很多對人體有益的營養成分，還具有排毒、抗老化及預防癌症等功效。通常新鮮的地瓜，儘量趁早食用，若要保存可放置陰涼通風處，再用報紙包起來，約可放10～15天左右。

千禧蝦球

材料：馬鈴薯2個、草蝦仁3尾、美奶滋2大匙、麵線半把

外皮材料：麵粉3兩、生蛋黃2個、麵包粉3兩

沾醬材料：白糖3大匙、醬油3大匙、柴魚粉6大匙

作法：

1. 草蝦仁洗淨，剁碎，放入滾水中汆燙撈起來；麵線放入滾水汆燙至熟，撈起，繞成扁圓型，放在盤子上面。
2. 馬鈴薯去皮，切片，放入蒸籠蒸熟，取出，用湯匙壓成泥，加入美奶滋拌勻，即成馬鈴薯泥。
3. 將馬鈴薯泥做成球狀，然後用手壓扁，擺入草蝦仁，再用手捏成球型。
4. 依序沾上外皮材料——麵粉、生蛋黃、麵包粉，放入熱油鍋約120℃炸至熟，取出。
5. 擺在麵線上面，搭配拌勻的沾醬材料即可食用。

陳大師經驗分享：

1. 馬鈴薯又稱為洋芋，應選表皮平滑、無傷痕，沒有長肉芽或皮帶綠色，拿起來有沉重感，煎、煮、炒、炸都極富變化。存放馬鈴薯的空間必須保持乾爽，才能避免發芽，而產生了一種龍葵素，誤食的話容易頭昏、嘔吐或瀉肚子。

2. 這道的作法雖然是動作稍微多一點，可是等成品做好端上桌之後，相信會讓全家人感到很神奇，不但是味道搭配的和諧度滿分，而且真是超級美味的佳餚。此道菜也是渡小月餐廳的招牌料理，吃過的人都說：讚！甚至連專業的廚師也是對此道料理讚不絕口，有時間的話，自己動手做看看吧！

米糕蛋黃紅蟳

材料：

米糕2兩、紅蟳1尾（約半斤）、鹹蛋黃1個

調味料A：

酥粉3大匙、水6大匙

作法：

1. 紅蟳洗淨，放入蒸籠中蒸約18分鐘至熟。
2. 調味料A放入碗中拌勻備用。
3. 撥開紅蟳殼，先放入米糕鋪底，上面在擺入鹹蛋黃。
4. 再沾入拌勻的調料料A，放入熱油鍋約150℃炸約4～5分鐘至熟，取出排盤即可。

陳大師經驗分享：

1. 紅蟳要挑選蟹腳還能夠用力拍動，外殼色澤鮮艷有光澤，體型飽滿，口吐水泡的新鮮活蟳較佳。買回家也可以先放入冰箱冰凍約30分鐘，呈冬眠狀態，再開始進行料理動作。

2. 米糕可以在傳統市場買現成做好的，可以節省烹調時間。

桑椹軟殼蟹

材料：

軟殼蟹（蟳）1尾、蝦卵1大匙

調味料：

桑椹汁2大匙、醋、糖各1大匙

麵糊：

酥粉2大匙、水4大匙拌勻

作法：

1. 軟殼蟹（蟳）去鰓洗淨，灑上少許麵粉拌麵糊炸熟放入盤中。
2. 調味料勾芡淋在作法1上，撒上蝦卵即可。

陳大師經驗分享：

1. 軟殼蟳也可以用一般的螃蟹替代。每年農曆十月中旬是螃蟹的盛產期，無論是公的或是母的，都是非常的肥美，也是選購品嚐的最佳時機。

2. 蝦卵在大型超級市場、海產專賣店或是日系超市均有販售。蝦卵開封之後，最好是儘速使用完畢，以免品質變差不好吃。

腐衣小鮑魚

材料：

大九孔1個、蛋1個、半圓豆皮半張、大陸妹1把、麵粉1兩

醃料：

白糖、胡椒粉各1茶匙

作法：

1. 大九孔洗淨，放入滾水中汆燙10分鐘，去殼取肉，加入醃料醃約10分鐘備用。
2. 半圓豆皮，切成細絲；蛋打散。
3. 將作法1沾上麵粉、蛋、豆皮，放入油鍋約150℃炸至熟，取出。
4. 搭配大陸妹葉排盤裝飾即可食用。

陳大師經驗分享：

1. 台灣生產的九孔，又稱為台灣珍珠鮑魚、九孔螺或是台灣鮑魚，為台灣重要貝類養殖之一，屬於暖水性養殖種類。一般生長約在5公分時即上市販售，殼長最多可達12公分左右。採買九孔宜挑選體積大、外殼色澤光亮、殼紋的層次分明，而且肉質豐厚較佳。

2. 豆皮的日文為「稻荷」，也有人又稱為腐衣，適合煮湯、蒸、炒、炸、滷，或是搭配其他的食材做成豆皮壽司，還有各式的菜卷等料理。因為渡小月餐廳常製作好吃的蝦卷，使用的豆皮都要切成三角型，剩下的豆皮丟掉很浪費，所以，我們再利用剩餘的豆皮切成細絲，研發出這道餐廳招牌菜－腐衣小鮑魚。

憶貝

材料：

日本生干貝3個、春捲皮2張、番茄醬少許

調味料A：

胡椒粉、香油各半大匙、白糖1大匙

調味料B：

麵粉1兩、生蛋黃1個、麵包粉4兩

作法：

1. 生干貝洗淨，用調味料A醃約20分鐘備用。
2. 調味料B放入碗中拌勻（程序：麵粉→蛋→麵包粉），然後沾干貝，放入熱油鍋約160℃炸約3～4分鐘至熟，取出。
3. 續入春捲皮入鍋油炸，取出，平鋪在盤底，再擺上炸好的干貝，沾番茄醬即可食用。

陳大師經驗分享：

1. 台灣的春捲皮都是現做比較好吃，但是現在市面上也有一種越式春捲皮，是用米漿做成極薄的乾燥皮。越式春捲皮只要先置放濕布巾上，用毛刷沾少許的水，兩面都輕輕刷上薄薄一層水待軟化，即可依序擺入各種包春捲的食材。越式春捲皮在大型的超市均有販售，例如：家樂福、松青、頂好、微風、新光 三越等超市有販售。

2. 此道的作法 2 也可以直接包入春捲皮入熱油鍋中炸熟，呈現另一種不同的風味美食。

千絲蝦球

材料：

麵線半把、蝦仁2兩、芹菜末、香菜梗末各1大匙

調味料：

白酒、香油各1茶匙、雞粉半茶匙

作法：

1. 蝦仁剁小丁，加入芹菜末、香菜梗、調味料拌勻備用。
2. 麵線放整齊，加入作法1，捲起長方狀。
3. 再放入油鍋中炸至金黃酥脆，撈起，即可排盤食用。

陳大師經驗分享：

1. 買蝦仁不要選購市場上販售整包裝的草蝦仁，因為裡面都會添加少許的化學藥劑保鮮，吃起來比較不健康，建議最好是買新鮮的蝦，回家自已剝殼，或是買海鮮攤位有賣當天現剝的蝦仁比較新鮮。

2. 很多人都會以為香菜要吃葉比較香，其實這個觀念是錯誤的。香菜味道最香的部位是香菜梗，有些獨門的熬高湯材料中還會加入香菜梗來提香增鮮。

金棗明蝦

材料：

明蝦3尾、金棗3個、牙籤少許、麵粉少許、太白粉少許

調味料：

胡椒粉1茶匙、白糖1茶匙、雞粉1茶匙

作法：

1. 明蝦去殼，剝開，用冷水沖淨，蝦肉中間劃一刀，加入調味料醃約15分鐘。
2. 金棗放入滾水煮一下，取出。
3. 將作法1撒入少許的麵粉，再包入金棗用牙籤定型。
4. 再沾少許的太白粉，放入油鍋中炸熟，切開，用紅辣椒丁做為盤飾即可端上桌食用。

陳大師經驗分享：

金棗又稱為金橘，是宜蘭人最引以為傲的鄉間特產，利用金棗搭配明蝦會有一股獨特的香氣。渡小月餐廳常會將一些宜蘭特有的名產，拿來研發一些美食料理，讓遠從外地來的客人，也能吃到宜蘭特有的佳餚，讓遊客的宜蘭之旅感到真是不虛此行哦！

奇異蝦卷

材料：

大草蝦6尾、蝦仁6尾、飛魚蛋2大匙、韭黃末、香菇末適量、春捲皮5張、海苔皮1張

調味料：

胡椒粉1大匙、香油1大匙、雞粉1茶匙、白糖2茶匙

作法：

1. 大草蝦洗淨去除腸泥，剝掉外殼備用。
2. 蝦仁剁末，加韭黃末、香菇末、飛魚蛋、調味料攪拌均勻，即成餡料。
3. 春捲皮加入作法2，外面再包一張海苔皮捲起來，放入油鍋約140℃炸約3～4分鐘至熟，撈起，排盤即可食用。

陳大師經驗分享：

1. 飛魚蛋俗稱為黃金魚卵，味道甘甜鮮美，吃起來很脆，口味濃郁，咬起來喀滋作響，而魚卵緊密連結不太容易咬斷，除了有高彈性的口感之外，還多了另一種美麗的滋味。

2. 海苔皮儘量減少與空氣接觸，以免容易變軟，所以，不用的時候，記得一定要密封包好，才可避免下次使用時，容易破裂。

千層貝柱

材料：生干貝5個

調味料A：細絞肉3兩、蝦仁丁2兩

調味料B：雞粉1茶匙、白糖1茶匙、胡椒粉2茶匙、香油2茶匙

麵糊料：麵粉4兩、蛋黃3顆、麵包粉4兩

作法：

1. 生干貝抹上一層沙拉油，用刀片拍成薄片，撒入少許的太白粉。
2. 調味料A 與調味料 B放入容器中攪拌均勻，即成肉餡。
3. 取一個干貝抹上一層肉餡，以此類推層層疊起來，再沾麵粉→蛋→麵包粉。
4. 鍋中放入3公升的油，燒熱至120℃，再放入作法3慢慢炸熟，取出排盤即成。

陳大師經驗分享：

1. 新鮮的干貝肉質肥厚，有韌性，色澤白皙，沒有腥味較佳。適合用沾粉香煎、或炸酥，但是干貝的肉質易熟，不要煮太久，以免肉質變得比較乾硬。

2. 蝦仁買回家之後，可以分裝成每次的使用量，但是要記得不要用水沖洗，以免失去蝦仁原有的鮮味。

鮮美滋味的湯品

一鍋好棒的湯品是如何製作的？其精華是花時間慢慢熬？還是搭配喜歡的食材放入電鍋煮，就可以料理出美味的湯品呢？其實，製作好喝的湯品只要掌握幾個要點，就會變成五星級廚師的美味湯料理！

1.鍋具最好是用傳統的陶器鍋或是砂鍋最為恰當，而且容量要大且深較佳。
2.帶骨的肉類、有腥味的海鮮都必須先放入滾水中汆燙過之後，再用冷水沖淨；不容易煮熟的食材，也可以先放入電鍋內蒸透；乾貨、乾豆及五穀之類的食材一定要先用清水洗淨，浸泡軟化，再入鍋煮。
3.燉湯宜先用大火煮沸後，再轉小火慢慢地熬，不要加鍋蓋，湯汁比較清澈，若是加鍋蓋的話，湯汁則會呈現比較濃郁的色澤，還有最重要的一點就是如果熬製湯汁，中途要加水，必須使用熱水，才能保持湯汁的原味。熬湯還要切記一點，就是不要提早放入鹽，因為鹽有滲透的作用，太早放入會影響湯的鮮味及顏色！
4.你可以製作各種不同的湯頭，例如：大骨高湯、雞高湯、素高湯、柴魚高湯等，待冷卻之後，分裝在保鮮袋，每天取用不同的湯頭，搭配不同新鮮的蔬菜、肉片、菇類或火鍋料，即成一道簡單又方便的湯品，也可以選擇放入冬粉、麵、河粉、麵線、蒟蒻麵等，就可以一鍋吃到飽，一個人輕鬆煮，十分鐘滿足全家人的胃口！

養生龍皇湯

材料：活龍蝦1尾約12兩、排骨半斤

A料：雞高湯1. 5公升、米酒50cc、雞粉1大匙、冰糖1大匙、鹽1茶匙

藥材：玉竹、淮山、黨參各半錢、紅棗6個、甘草3片、蓮子10顆、枸杞20個、當歸1片

作法：

1. 活龍蝦洗淨，直切塊，放入滾水中快速汆燙，撈起，續入洗淨的排骨，放入滾水中快速汆燙，撈起。
2. 排骨放入鍋中，加入雞高湯、米酒、雞粉、冰糖、鹽及全部的藥材，移入蒸籠轉小火蒸約2小時。
3. 續入龍蝦蒸約12分鐘，熄火，即可食用。

陳大師經驗分享：

1. 此道的中藥材料可以裝入紗布袋，煮好之後，可以直接取出，非常方便。

2. 一般的海鮮都是配合雞高湯提味，若是沒有時間燉雞高湯，也可以改用雞湯塊或罐頭的雞高湯，但是此道配合鮮燉的雞高湯更能提鮮對味，是一道好吃又美味的神仙養生餐。

泡菜龍皇湯

材料：

小龍蝦4兩、韓國泡菜1罐、肉片10片

調味料：

客家米醬1大匙、味霖1大匙、雞粉2茶匙、辣豆瓣醬2茶匙

作法：

1. 小龍蝦先剖開，去除腸泥，洗淨。
2. 準備一個乾淨的鍋，先放入全部的調味料、韓國泡菜及水2公升煮沸。
3. 轉中火，再放入肉片及小龍蝦煮至熟即可食用。

陳大師經驗分享：

1. 龍蝦在烹調前的處理：雙手握住頭及腹部用力扭轉，取下蝦頭，再用剪刀剪開腹部的薄殼、清除腸泥，再取出蝦肉清洗乾淨，就可以開始進行烹調動作。龍蝦最適合清蒸、煮湯，營養美味又好吃。買回去之後，最好是儘快食用，不要長時間置放，如果是冷凍約可保存 3 天。

2. 韓國泡菜煮成湯，味道濃郁香醇又好喝，再搭配少許的海鮮及肉片，即是一道開胃養生湯。但是海鮮及肉片容易煮熟，所以，烹調時間不宜太久。此道也可以加入烏龍麵或是其他的麵條，即成一鍋簡便的方便鍋。

3. 客家米醬是一種傳統的醃漬品（醬料），在菜市場或是食品雜貨行均有販售。

無腳伴一腳

材料：

紅魚頭半個、任選菇類三種各1兩、魚豆腐1塊、紅蘿蔔花3片、大白菜半斤、蔥花2支

湯汁材料：

柴魚2兩、高湯3公升、薑半兩、雞粉1大匙、味霖1大匙

作法：

1. 湯汁材料全部放入鍋中煮沸，轉小火提煉約10分鐘左右。大白菜洗淨，放入滾水中汆燙，撈起備用。
2. 紅魚頭洗淨，剁塊，放入滾水中汆燙，撈起備用；菇類洗淨。
3. 砂鍋中擺入大白菜、菇類三種、紅蘿蔔花、紅魚頭、魚豆腐及湯汁，轉中小火慢慢熬煮至熟約15分鐘，最後撒入蔥花即可上桌食用。

陳大師經驗分享：

1. 一般人煮魚頭都會先將魚頭煎過或油炸，以去除魚腥味，然而此道的紅魚頭並沒有魚腥味，所以，只要放入滾水稍微汆燙一下，即可撈起來開始料理。此道還可以添加材料，例如：寬粉條、火鍋料、蛤蜊、鮑魚片、鳥蛋、魚皮、蛋絲、五花肉片等材料變化味道。

2. 採買大白菜要買結球緊實，葉片寬大且沒有腐爛現象，整顆拿起來有沉重感，則表示水分較多，菜心中間沒有枯黃萎爛的品質較佳。

3. 現在人吃料理都講求養生，此道的名稱為什麼這麼特別？原因是魚是無腳的，而菇的形狀是長條狀有點類似一腳，兩種食材搭配是最養生又美味的食材，所以，菜名就是因此而產生的。魚豆腐、花枝漿及魚漿做成四方塊，是火鍋材料。

青蘆筍海鮮湯

材料：

貝肉（翻車魚）4兩、小蘆筍10支、胡椒粉1茶匙、白糖1茶匙

調味料：

柴魚高湯500cc、雞粉1大匙、鹽1茶匙

作法：

1. 蘆筍洗淨，對半切，放入滾水中汆燙，撈起，浸泡冰水備用；全部的調味料放入鍋中煮沸備用。
2. 貝肉刨成薄片，加入胡椒粉、白糖醃約15分鐘。
3. 再取一片，中間捲入蘆筍，全部捲完。
4. 移入蒸籠蒸約3分鐘，取出，加入煮滾的調味料即可食用。

陳大師經驗分享：

1. 蘆筍可用加少許鹽及油的滾水中汆燙，而且時間不要太久，以免肉質老化，汆燙好馬上撈起來，放入冰水中冰鎮，可以保持蘆筍的色澤翠綠，肉質鮮嫩好吃。

2. 柴魚高湯DIY：水2公升加入柴魚片4兩，轉中小火煮約10分鐘，用過濾網瀝除雜質，即成柴魚高湯。如果沒有時間提鍊柴魚高湯，也可以用魚粉加水混合拌勻。

干貝冬瓜湯

材料：

乾干貝5個、冬瓜1斤、排骨3兩、高湯100cc

調味料：

雞粉1茶匙、酒1大匙

作法：

1. 乾干貝洗淨，加入適量的水、酒，放入電鍋中蒸至熟軟，取出（干貝原汁保留）。
2. 冬瓜用挖器挖成一球球的圓球狀，放入滾水中汆燙約2分鐘備用。
3. 排骨洗淨，放入滾水中汆燙，用冷水沖淨，放入鍋中。
4. 加入冬瓜、干貝、干貝原汁、高湯100cc、調味料，移入蒸籠蒸約40分鐘，取出，即可食用。

陳大師經驗分享：

1. 乾燥的干貝形狀完整沒有破損，色澤呈自然的金黃色，肉質密度結實較佳。適合拌炒、熬湯。烹調前先用熱水浸泡一下，再加入適量的水、酒，放入電鍋中蒸至熟軟，味道較好吃。

2. 冬瓜表皮分為青皮及粉皮等二種，青皮瓜優於粉皮瓜，因為含水量較多，肉質嫩細，可以長期貯存。冬瓜不含脂肪，是屬於低熱量食物，並且能夠抑制黑色素沉積的活性物質，是美人潤膚、美容瘦身的最佳食材。

龍王魚丸湯

材料：魚漿半斤、雞蛋2個、高湯3公升

材料A：肉餡3兩、香菇末1錢、胡椒粉2大匙、香油、蔥花各1大匙

材料B：雞粉、胡椒粉、蒜酥各1大匙

作法：

1. 雞蛋、魚漿放入鍋中攪拌拌勻。
2. 材料A全部放入容器中拌勻，即成內餡。
3. 挖取少許的作法1，中間包內餡，用手捏成一顆顆的大魚丸。
4. 高湯3公升放入鍋中煮沸，加入大魚丸煮沸，放入材料B拌勻調味即可食用。

陳大師經驗分享：

1. 每一種魚類的肉都可以做成魚丸，其中以鯊魚、虱目魚或是旗魚特別適合。

2. 魚丸的作法是先取下新鮮的魚肉部份，在低溫下快速絞成魚絞肉，再加入少許的鹽，放在容器中用力捶打，變成滑嫩有光澤的魚漿，再使用湯匙挖取一球球，陸續放入滾水中煮，即成香Q美味的魚丸，也可以製作內餡包在裡面。

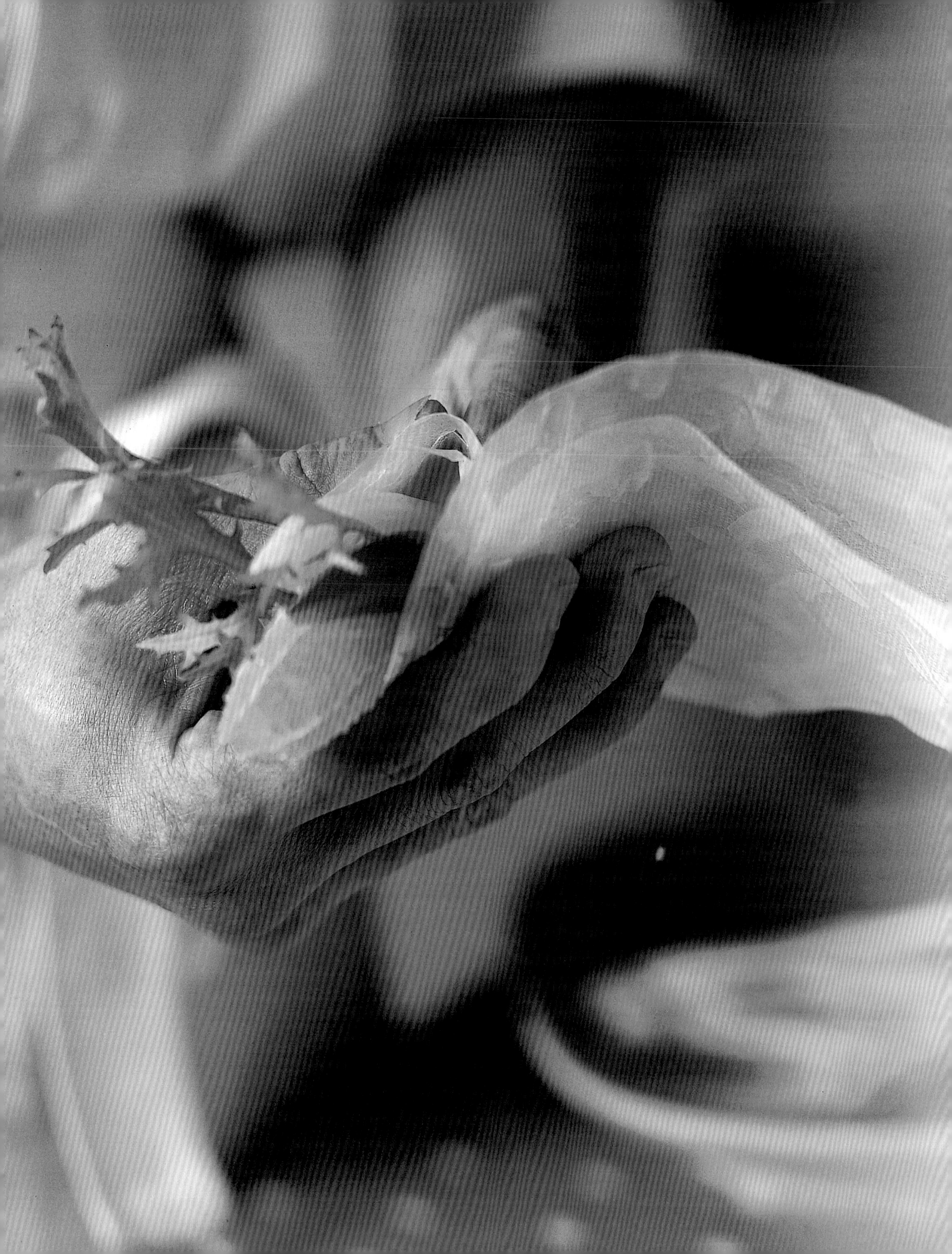

渡小月

宜蘭 渡小月的美味

作　　者／陳兆麟
發 行 人／程安琪
總 策 劃／程顯灝
總 編 輯／潘秉新
主　　編／呂增娣
企劃編輯／李燕瓊
文字整理／陳思妤・陳玉春・吳雅茹
封面設計／洪瑞伯
攝　　影／東琦攝影工作室
餐具提供／HOLA和樂居家館
出 版 者／橘子文化事業有限公司

總 代 理／三友圖書有限公司
地　　址／106台北市安和路2段213號4樓
電　　話／（02）2377-4155
傳　　真／（02）2377-4355
E-mail ／service @sanyau.com.tw
郵政劃撥／05844889　三友圖書有限公司

總 經 銷／貿騰發賣股份有限公司
地　　址／台北縣中和市中正路880號14樓
電　　話／(02)8227-5988
傳　　真／(02)8227-5989

初　　版／2010年11月
定　　價／新臺幣 299元
ISBN ／978-986-6890-85-7 (平裝)

國家圖書館出版品預行編目（CIP）資料：

宜蘭.渡小月的美味／陳兆麟作. -- 初版 --
臺北市；橘子文化， 2010.11
面；　公分
ISBN 978-986-6890-85-7 (平裝)
1.食譜 2.臺灣

427.133　　99021125

地址：　　　縣/市　　　　鄉/鎮/市/區　　　　路/街

段　　　巷　　　弄　　　號　　　樓

廣　告　回　函
台北郵局登記證
台北廣字第2780號

SAN YAU 三友圖書有限公司 收

SANYAU PUBLISHING CO., LTD.

10679 台北市安和路2段213號4樓

三友圖書 讀者特惠區

為感謝三友圖書的忠實讀者，只要您詳細填寫背面問卷，
並郵寄給我們，即可免費獲得1本價值250元的《牛肉麵教戰手冊》

數量有限，送完為止。

請勾選

- ☐ 我不需要這本書
- ☐ 我想索取這本書（回函時請附80元郵票，做為郵寄費用）

我購買了 宜蘭．渡小月的美味

❶**個人資料**

姓名＿＿＿＿＿＿ 生日＿＿＿年＿＿＿月 教育程度＿＿＿＿＿ 職業＿＿＿＿＿

電話＿＿＿＿＿＿＿＿＿＿＿＿ 傳真＿＿＿＿＿＿＿＿＿＿＿＿

電子信箱＿＿＿＿＿＿＿＿＿＿＿＿

❷您想免費索取三友書訊嗎？□需要（請提供電子信箱帳號） □不需要

❸您大約什麼時間購買本書？＿＿＿年＿＿＿月＿＿＿日

❹您從何處購買此書？＿＿＿＿＿縣市＿＿＿＿＿書店／量販店

□書展 □郵購 □網路 □其他

❺**您從何處得知本書的出版**？

□書店 □報紙 □雜誌 □書訊 □廣播 □電視 □網路 □親朋好友 □其他

❻**您購買這本書的原因**？**（可複選）**

□對主題有興趣 □生活上的需要 □工作上的需要 □出版社 □作者

□價格合理（如果不合理，您覺得合理價錢應＿＿＿＿＿＿）

□除了食譜以外，還有許多豐富有用的資訊

□版面編排 □拍照風格 □其他

❼**您最常在什麼地方買書**？

＿＿＿＿＿縣市＿＿＿＿＿書店／量販店

❽**您希望我們未來出版何種主題的食譜書**？

❾**您經常購買哪類主題的食譜書**？**（可複選）**

□中菜 □中式點心 □西點 □歐美料理（請說明）＿＿＿＿＿＿＿＿＿＿

□日本料理 □亞洲料理（請說明）＿＿＿＿＿＿＿＿＿＿

□飲料冰品 □醫療飲食（請說明）＿＿＿＿＿＿＿＿＿＿

□飲食文化 □烹飪問答集 □其他

❿**您最喜歡的食譜出版社**？**（可複選）**

□橘子 □旗林 □二魚 □三采 □大境 □台視文化 □生活品味

□朱雀 □邦聯 □楊桃 □積木 □暢文 □耀昇 □膳書房 □其他

⓫**您購買食譜書的考量因素有哪些**？

□作者 □主題 □攝影 □出版社 □價格 □實用 □其他

⓬**除了食譜外，您還希望本社另外出版哪些書籍**？

□健康 □減肥 □美容 □飲食文化 □DIY書籍 □其他

⓭**您認為本書尚需改進之處**？**以及您對我們的建議**？＿＿＿＿＿＿＿＿＿＿